AF257174

M^{ss} original
du Célèbre Danville

Qui magna cum minaris, extricas nihil.
Chaed. IV. 20.

10

Extrait de

LA BIGARURE (Nos. 15 & 16.)

[Tom. XIX. P. imprimée à la Haye, dattée à la fin, 14. Dec.bre 1752.]

Elle commence ainsi à la pag. 113.

La Carte des nouvelles découvertes, ou prétendues telles, a occasionné un Savant du premier Ordre à dresser un Mémoire, qui est d'autant plus intéressant pour le Public que cette Carte a deja pris faveur en Allemagne & en Hollande, & qu'elle pourroit occasionner mal à propos des Corrections aux Cartes qui ont paru de ces Pays. On a donc cru faire plaisir aux lecteurs de notre Bigarure en leur faisant part de cette pièce que voici.

Observations sur la Carte des Nouvelles Découvertes au Nord de la Mer du Sud, publiée par M. Buache 1er Géographe du Roi très Chrétien & de l'Académie Royale des Sciences de Paris, addressées à l'Auteur par Mr. S. P. R. G. de Bâle, ce 12. Septembre 1752.

Monsieur,

J'ai reçu avec une grande satisfaction la Carte des Nlles Decouvertes au Nord de la Mer du Sud, après laquelle j'attendois depuis longtems

tems. Le bruit qui s'en étoit répandu jusques dans notre patrie, depuis la lecture du Memoire concernant ces Découvertes faite à la rentrée publique de Pâques 1750. avoit d'autant plus piqué ma curiosité que j'aime à faire acquisition de ce qui paroît de plus nouveau surtout de découvertes aussi intéressantes pour le commerce de Mer.

...... L'examen que j'ai fait de votre Carte, Monsieur, me présente deux objets qui feront la division naturelle de ces observations. Le premier est l'avertissement dans lequel vous parlez de la methode particuliere que vous avez employée pour decrire les Meridiens & les Paralleles ....

--- Le second objet de ces Observations est le rapport des distances que l'on trouve sur la partie de la Carte qui représente les nouvelles Découvertes avec les distances qui sont indiquées dans le Mémoire sur lequel ces nouvelles découvertes

vertes ont été dessinées

I.er objet.

[On fait des raisonnemens vagues sur
les projections stéréographiques & ortho-
graphiques, ainsi que sur la méthode
des courbes des sinus, employée par MM. Sanson &
pour laquelle on
se déclare. On trouve à redire à la
méthode qu'a suivie M. Delisle dans
ses Cartes d'Europe & d'Asie de
1700. & l'on donne (pag 120) la
construction (géométrique) du chassis
de la Carte de M. Buache & des
I.eres de M. Delisle de 1700. qui est, dit on le même. Cependt.
on avance ensuite que cette méthode
n'est ni géométrique ni universelle:
(Il me semble que par le chassis on
a prouvé qu'elle étoit géométrique, &
qu'on auroit dû indiquer quel est d'ailleurs
son défaut géométrique) Quant à
l'universalité, on observe (fort inutilement dans le cas dont il s'agit) qu'elle
n'est pas exécutable pour les parties de la
Terre traversées par l'Equateur, & qu'on
auroit dû prendre un autre parti si
on eût fait des découvertes sous le Pole même. On dispute ensuite sur les distances
&

& les échelles, en trouvant des différences de 15. & 20. lieues sur 4. & 600. lieues : Enfin l'on conclut (pp. 123. & 124)

Irrégularités de part & d'autre dans les mé-
thodes précédentes & dans la vôtre étant
comparées, fussent — elles même à l'éga-
lité, je crois que votre méthode doit
être inférieure aux autres, n'ayant ni
la géométrie ni l'universalité pour elle.

[C'est ce qu'on auroit dû prouver
avant la Conclusion : cela auroit
été digne d'un Scavant du 1er Ordre

2.ᵈ Objet.

p. 124.   Je passe présentemens au 2.ᵈ objet de ces
Observations dans lequel j'examine le rapport
des distances que l'on trouve sur votre Carte
avec celles qui sont indiquées dans la Relation
de l'Amiral de Fonte. Je n'entrerai point
dans le détail sur l'authenticité de cette
relation, me reservant pour un second
Memoire cette occasion favorable d'entre-
tenir avec vous, Monsieur, le commerce
littéraire que j'ai pris la liberté de m'ou-
vrir. Ce que je puis dire & dont tout
le

monde conviendra, c'est qu'il est avanta-
geux pour les Puissances intéressées au commerce maritime d'avoir quelque sorte d'espé-
rance de pouvoir découvrir un jour ce que la
relation présente semble nous faire entrevoir.

Pour me renfermer dans le point de vûe
que je me propose actuellement, j'examinerai
la conformité qui regne entre votre Carte
& la Relation de l'Amiral. Le premier objet
qui se présente & dont vous auriez pu faire
usage, est une espece de supplément dans lequel on eut pu voir le départ de cet Amiral
du Callao de Lima avec sa route tracée
jusqu'au Cap Lucar (& non S. Lucas)
qui commence à paroître sur votre Carte.

Voici les différens endroits sur lesquels
je vous prie, Monsieur, de me donner
quelque éclaircissement.

1°... Cap Abel ... je n'ai pû le trouver
sur votre Carte ... (voy l'Ad.on ci après p. 9.)

p. 125. 2°.. Isles de Chamilli .. se trouvent dans le
même cas d'omission de votre part.

3°... Il faut qu'il y ait erreur ou sur la
Carte ou dans la relation, la Rivière de
Rio los Reyes se trouvant placée sous la
la lat. de 62 au lieu de 53 ... l'Archipel
de S. Lazare n'a que 155 li. sur votre Carte, au
lieu de 260.

4.º ..Lac Valaxo... Je ne sai, Monsieur, comment concilier les 436. lieues à l'ENE avec la longueur que vous donnez à ce Lac dans ce sens, qui n'excede pas 320. lieues. Il faut pour completer les 166. lieues restantes, que le Vaisseau ait été obligé de serpenter beaucoup, pour vous faire retrancher presq'un quart sans que la relation en fasse mention.

5.º. La situation du Lac de Fonte sur la Carte est assez conforme à la relation, mais sur la longueur il s'en faut toute celle du Détroit de Ronquillo qu'il n'ait les 160 lieues: on n'en trouve tout au plus que 135. (&) le Détroit n'a que 24. au lieu de 34. est-ce une faute d'impression dans la relation? A vous seul Monsieur, en appartient la décision.

6.º J'ai cherché inutilem.t sur votre Carte le lieu nommé Minhauset dont il est parlé p. 18 ... J'ai conjecturé que vous aviez voulu mettre Port d'Arena à 20 li. de l'embouchure en remontant le Rio los Reyes (meme page)

Je n'ai plus qu'un éclaircissem.t

à vous demander, Monsieur, au sujet
d'une Mer ou Baye de l'Ouest, qui se
presente à l'Occident du Canada sur
votre Carte, quoiqu'il n'en soit pas fait
mention dans le Mémoire de M. Delisle
ni dans la Relation de l'Amiral de
Fonte. J'ai lû quelque chose touchant
cette Baye dans une Géographie Moderne..
(&c. Voy. l'Add^{on} ci-après p. 9.)

Cette Mer ou Baye à laquelle vous
donnez 350 li. du Nord au Sud & 200
au moins de l'Est à l'Ouest, pourroit
avoir quelque rapport au grand Lac Salé
que j'ai vû dans la Carte du Canada de
Guillaume Delisle qui a 30 li. de large
& 300 de tour, & dont l'embouchure est
bien loin au rapport des Sauvages.

Je crains, Monsieur, qu'on ne regarde
cette grande Mer ou Baye comme problématique. Je suis surpris que depuis —
1717. on ne fasse que commencer à en
avoir connoissance. D'abord que l'on a
pour point fixe l'entrée de Fuca decou-
verte en 1592. & celle d'Aguilar en
1603. les navigateurs devroient bien se

porter à voir où communiquent ces
entrées; le climat ne doit pas y être
insupportable. Je doute que l'on puisse
avoir d'autre moyen de constater cette
découverte, le côté du Canada étant
trop ingrat & la communication pa-
roissant selon votre Carte séparée
comme naturellement par une longue
chaîne de Montagnes.

J'attens, Monsieur, avec impatience
une réponse pour m'éclaircir sur les
objections que j'ai eû l'honneur de
vous faire, & je suis avec respect, &c.

OBSERVATIONS
CRITIQUES

SUR

LES NOUVELLES DECOUVERTES

De l'Amiral DE LA FUENTE.

Présentées à l'Académie Royale des Sciences, le 26 Mai 1753.

Par M. ROBERT DE VAUGONDY, fils, Géographe ordinaire du Roi.

A PARIS;

Chez ANTOINE BOUDET, Imprimeur du Roi, rue S. Jacques.

M. DCC LIII.

page 55. du Journal Oeconomique de Juillet.

OBSERVATIONS

SUR

LES DE'COUVERTES

DE L'AMIRAL *DE LA FUENTE.*

LE Mémoire sur les nouvelles découvertes au nord de la mer du Sud, qui
fut lû par M. Delisle à l'Assemblée publique de Pâques 1750, & qui contient
la lettre écrite par l'Amiral Barthelemi de
la Fuente, étoit assez important par son
sujet pour attirer l'attention du public
& mériter son suffrage.

Le vuide immense qui se trouve depuis
la baye d'Hudson jusqu'à l'Asie, & qui a
plus de 60 degrés en longitude, & 35 en
latitude, sembloit devoir être rempli par
des terres assez voisines de notre continent pour prouver la communication
qu'ont pû avoir avec l'Amérique les peu-
ples Asiatiques que l'on prétend y avoir

A ij

porté les premieres Colonies.

Je partageois avec le public le plaisir que devoient causer de pareilles découvertes ; mais réflechissant sur la lecture que j'en avois entendue , il commença à s'élever dans mon esprit des doutes touchant la réalité de la relation de l'Amiral de la Fuente. Ce n'est pas que suivant l'exemple de Strabon je voulusse soutenir l'impossibilité de trouver des terres habitables dans un climat pareil à celui sous lequel Pytheas avoit poussé sa navigation. Eloigné d'une semblable prévention, je désirois seulement que le voyage de l'Amiral de la Fuente fut aussi réel que ceux de notre navigateur & astronome de Marseille.

Quoique nous soyons redevables à la navigation du Capitaine Beerings de la découverte des pays les plus orientaux de l'Asie , dont on voit les côtes tant orientales que septentrionales baignées par la mer , il paroît qu'il y a plus de 150 ans que les Géographes avoient déja quelque connoissance de la séparation réelle qui se trouve entre l'Asie & l'Amérique. En jettant la vûe sur la Mappemonde de Linschot & sur la réduite de Pierre Kerius Flamand, publiée en 1609, on y trouvera la côte de la Californie poussée au nord-ouest jusqu'au cercle polaire, & la distance de l'extrémité de cette côte jusqu'au continent de l'Asie, nommée le détroit d'*Anian*, ne contenir dans sa plus petite largeur que trois degrés de l'équateur, ou soixante lieues au plus. La côte septentrionale de l'Asie se trouve aussi dans cette carte, assez conforme pour sa position de latitude à celle que nous donne la nouvelle carte de Russie, c'est-à-dire, au-delà du soixante-dixiéme paralléle.

Ces connoissances que l'on avoit dans ce tems-là, vérifiées & corrigées par les navigations réiterées que l'on a faites dans ces parties, étoient un prétexte assez puissant pour me faire croire l'existence de quelques terres dans ce que l'on a cru depuis être mer ; mais elles ne pouvoient pas contrebalancer les motifs qui m'engageoient à douter de la réalité des découvertes de l'Amiral de Fuente.

Premierement, le long espace de tems qui s'étoit écoulé depuis 1640 où elles ont été faites, jusqu'à 1750 qu'elles ont été publiées, forme un intervalle de 110 ans, pendant lesquels des Puissances recommandables par le commerce maritime avoient gardé un profond silence. Je ne pouvois m'imaginer que les Espagnols eussent été si long - tems sans prendre connoissance de ces découvertes importantes, qui, faites par leur ordre, en leur nom, & contiguës à leurs poffeffions, leur affuroient celle de tout l'occident de l'Amérique feptentrionale. Comment les Anglois & les Hollandois fi opiniâtrement attachés à la recherche du paffage par le nord n'ont-ils encore rien apperçu qui pût leur faire préfentir l'exiftence de ces nouvelles terres, les Anglois fur-tout qui paroiffent, felon M. Delifle, être les premiers éditeurs de la relation dont il s'agit ? Comment enfin le filence a-t-il pû être fi profond pour que les François n'ayent pas plus avancé par les terres vers l'oueft pour y étendre leur domination lors de la découverte de la Louifiane ? Si ces terres exiftent & ont été réellement découvertes par les Efpagnols, il faut pour autorifer un pareil filence que, faute d'avoir pû trouver ce paffage fi long-tems cherché, le gouvernement Efpagnol les ait regardé comme un pays ingrat de fa nature, & qui devoit leur caufer plus de dépenfes qu'il ne leur procureroit d'avantages.

2°. Le peu de tems qui fut employé à la découverte d'une fi grande étendue de terre, contribua beaucoup à fortifier mes doutes fur l'autenticité de la relation. A en juger par les circonftances particulieres des faits qui s'y trouvent, il fembleroit qu'il ne refte plus rien à défirer pour la certitude de cet événement ; mais en suivant l'Amiral de la Fuente dans sa route, on trouvera des contradictions qui feront voir que ces particularités ne servent qu'à donner le change, & qu'il faut que le traducteur Anglois n'ait point entendu certains endroits de la relation, & qu'il y ait suppléé par son imagination.

Le 3 Avril 1640 l'Amiral de la Fuente monte le vaisseau le S. Esprit ; il étoit accompagné du Vice-Amiral D. Diego-Penelossa dans le vaisseau le S. Louis, de Petro-Bernardo dans le vaisseau le Rosaire, & de Philippe Ronquillo dans le Royal Philippe. Ils partent ensemble du *Callao de Lima*, & arrivent le 7 à la hauteur de sainte Helene. Le 10 ils passent la ligne équinoxiale à la vûe du cap *del Passao*, le 11 ils doublent celui de *saint François* à 1 degré 7 min. de latitude septentrionale, & jettent l'ancre à l'embouchure de la riviere *S. Jago*. Le 16 ils font voile de cette riviere à la ville de *Realeo* environ à 11 deg. 14 min. de latitude boréale. Le 26 partis de cette ville pour le port de *Saragua*, ils passent au-delà des isles & basfonds de *Chamilly* situé sous 17 degrés 31 min. Après un séjour employé à engager un maître & six matelots qui faisoient le trafic des perles avec les naturels du pays à l'est de la Californie, l'Amiral ne fait voile de *Saragua* que le 10 Mai ; il atteint la hauteur du cap *Abel* fur la côte oueft fud-oueft de la Californie à 20 degrés de latitude, & du 26 Mai jufqu'au 14 Juin, ils arrivent à la riviere de *Kio-los-Reyes* fous la latitude de 53 degrés, après avoir parcouru l'efpace de 866 lieues depuis le port *Abel*.

Nous voici arrivés au commencement des nouvelles découvertes de l'Amiral Efpagnol, qui prennent naiffance au détroit de *Fuca*, que M. Delifle dit avoir communication avec une grande mer appellée Baye de *l'oueft*. Je ne m'arrêterai pas à prouver que cette efpéce de mer ou baye eft fort problématique, & qu'il eft furprenant que depuis 1717 on ne faffe que commencer à en avoir connoiffance ; ce point eft étranger au projet que j'ai conçu d'examiner la relation Efpagnole ; mais avant que de pourfuivre plus loin, l'on me permettra de faire remarquer une erreur qui s'eft gliffée dans les traductions ou Angloife, ou Françoife, & peut-être dans l'original, au fujet de la pofition du cap *Abel* fitué fur la côte de la Californie à 20 degrés ; il me femble qu'il faudroit fubftituer 25 au lieu de 20 ; dans ce cas le cap *Abel* fe trouveroit à la Baye *faint Martin*, ce qui cadreroit affez bien avec la diftance de 410 lieues qui de-là eft in-

de Mr S.P.R.G.   **Pag. 127.** de la Bigarrure, où se trouve
une prétendue Lettre de Bâle à M. Buache.

e crains, Monsieur, qu'on ne regarde cette grande
er ou Baye comme problématique. Je suis surpris
ue depuis 1717. on ne fasse que commencer à
n avoir connoissance [Quelques lignes plus haut
on venoit de dire qu'on avoit lû dans une Géographie
Moderne * qu'en 1717. M. Delisle le Geographe avoit présenté un Memoire sur cette Mer de l'Ouest à M. de Pont-
chartrain & qu'on étoit surpris que M. de la Martiniere
qui étoit (dit-on) en grande liaison avec M. Delisle, n'ait
pas eû communication de cette Baye de l'Ouest, & n'en
ait rien mis dans son Dictionnaire, où on l'a cherchée.]

[On veut parler de la Geog. de l'Abbé Nicolle de la Croix]

Pag. 124. & 125. de la Bigarrure.

Je n'ai pu trouver sur votre Carte le Cap Abel, & je ne
sai s'il ne faudroit pas dans l'imprimé (de la Relation de
l'Amiral Fonte pag. 14.) substituer 25. degrés au lieu
de 20. Dans ce cas le Cap Abel se trouveroit à la
Baye St Martin, & conviendroit assez bien à la distance
qui lui est indiquée du Cap Blanc de 410. lieues. IL
est aisé de convenir de cette remarque, faisant attention que la Californie commence sous le tropique de
Cancer savoir à 23. degrés & demi de l'Equateur.

[Il n'est pas possible que deux personnes différentes aient
la même pensée & l'exprimant en mêmes termes; & l'on a
raison de dire qu'il faut qu'un menteur ait bonne mémoire.]

diquée au *cap Blanc*. L'on ne peut paſſer par deſſus cette remarque, pour peu
qu'on faſſe attention que la Californie
commence ſous le tropique de Cancer à
23 degrés & demi.

Je reviens à la route de l'Amiral qui tra-
verſe l'eſpace de 260 lieues dans les ca-
naux ſerpentans des iſles de l'Archipel
S. Lazare, qu'il nomme ainſi, en ayant
fait le premier la découverte. Les cha-
loupes le précédent d'un mille pour ſon-
der & connoître les ſables & les rochers.
Huit jours ſuffiſent à cet Amiral pour ſe
frayer une route dans cet Archipel inconnu. Heureux dans le commencement de
cette expédition, il joint l'exactitude à la di-
ligence ; en vain voudroit-on objecter la dif-
ficulté du paſſage de Magellan pour infirmer celui de cet Archipel ? La fortune eſt
capricieuſe, & accorde ſes faveurs à qui
il lui plaît.

Le 22 Juin l'Amiral depêche un de ſes
Capitaines à Petro Bernardo, pour lui
donner ordre de remonter une belle riviere, (nommée dans la carte *Haro*)
dont le courant eſt doux & l'eau profonde.
Le Capitaine entre par cette riviere dans
un lac nommé *Valaſco*, dans lequel il
fait voile 140 lieues à l'oueſt, & enſuite
436 à l'eſt nord-eſt juſqu'à 77 degrés de
latitude, faiſant dans ſa route des obſer-

vations sur les poissons qu'on y trouve en abondance, tels que des saumons, des truites & des perches blanches. Cependant l'Amiral de la Fuente fait voile dans le *Rio-los-Reyes*, riviere fort navigable. L'observation qu'il a faite du flux & reflux de la mer dans le tems de pleine & nouvelle lune, & la compagnie de deux Jésuites, dont l'un avoit accompagné Bernardo, font des circonstances qui paroissent insérées ici pour donner plus d'autorité à la relation ; car il faut remarquer que le peu de tems, sçavoir, depuis le 22 Juin que Fuente avoit dépêché Petro Bernardo, jusqu'au premier Juillet qu'il avoit laissé le reste de ses vaisseaux dans le lac *Belle*, ne paroît pas suffisant pour prouver la vérité de l'observation du flux & reflux. Mais quoi qu'il en soit l'Amiral fait voile le premier Juillet dans la riviere de *Parmentier*, sans doute après avoir passé par terre l'espace de la grande cataracte qui traverse le lac *Belle* * ; il rencontre dans cette riviere huit cataractes de 32 pieds de hauteur perpendiculaire , & arrive

* L'on doit regarder ce lac *Belle* comme une merveille de la nature, on n'en a pas encore rencontré de pareilles dans les recherches de la Géographie Physique. Il fournit des eaux abondamment à deux rivieres opposées dans leurs cours, (le Rio-los-Reyes & le Parmentier) quoiqu'il soit traversé

malgré ces inconvéniens le 6 Juillet dans
un grand lac auquel il donne son nom.
Sa longueur & sa largeur, de même que
sa profondeur en brasses ne sont pas ou-
bliées, & 8 jours lui suffisent pour obser-
ver ce que l'histoire naturelle a de plus
curieux & de plus important, comme
les animaux & les productions des isles
qui s'y trouvent très grandes & en grande
quantité. Le 14 Juillet il fait voile de la
pointe est-nord-est de ce lac, & passant
le détroit de *Ronquillo* qui a 34 lieues de
longueur, il entre dans un lac de même
nom, & après trois jours de route, il arrive enfin le 17 Juillet à une ville Indienne,
où il apprend qu'à quelque distance de là
il y avoit un vaisseau dans un endroit où
jamais il n'en avoit paru jusqu'alors,
& que ce vaisseau étoit de Boston. Cette
ville est le terme des découvertes de l'A-
miral de la Fuente, qui depuis le 3 Avril
jusqu'au 17 Juillet, c'est-à-dire, dans l'espace de trois mois & demi, fait une expédition telle que l'on n'en avoit pas encore
re vû : mais ce qui en résulte, c'est qu'il
n'y a pas de communication par cette

du sud au nord-ouest par une cataracte dont la
chute se fait vers le sud. Comment concilier des
effets si opposés entr'eux ? C'est aux naturalistes à
démontrer la vérité, ou plutôt la possibilité d'un
semblable phénomene.

route de la mer du Sud à la baye d'*Hud-son*, ni à celle de *Baffins* par la route de Bernardo. Il y a une remarque très-bonne à faire sur le retour de cet Amiral ; c'est que sans indiquer les endroits par lesquels il avoit passé pour revenir, il se contente de dire qu'il fit voile le 2 Septembre accompagné de quelques habitans de *Conasset* ; que le 5 du même mois il jetta l'ancre entre le port d'*Arena* & *Minhauset* dans la riviere *de los Reyes* , & qu'après avoir descendu cette riviere, il se trouva dans la partie nord-est de la mer du Sud , & continua sa route pour retourner dans son pays. Ce qui manque par conséquent à cette relation, pour servir à la confirmer, c'est son arrivée à Lima, & le rapport qu'il devoit faire de son expédition au Vice-Roi qui l'avoit envoyé, & dont il ne dit point le nom.

Toutes ces observations étoient plus que suffisantes pour me faire douter de l'autenticité d'une semblable découverte ; mais ce qui augmenta en troisiéme lieu mes doutes, ce fut le défaut de rapport que je remarquai entre la carte de Messieurs Delisle & Buache présentée au Roi à Compiegne dans le mois de Juillet 1752, & la relation qui sembloit devoir en être le fondement. Je n'entrerai à cet cet égard dans aucun détail ; je ne pourrois le faire fans fortir des bornes d'un mémoire ; je dois me réferver pour quelque chofe qui foit capable de démontrer le peu de fonds que l'on doit faire fur la relation Efpagnole. Je ne fuis pas le feul qui ait remarqué ce défaut dans la carte dont je parle, puifque le public a vû un avertiffement publié par M. Delifle dans la Gazette de Cologne vers le mois de Novembre, dans lequel cet Aftronome *reconnoît que c'eft avec raifon que plufieurs perfonnes ont trouvé que les pays découverts par l'Amiral de Fonte n'étoient pas repréfentés fur cette carte conformément à fa relation, ce qui a pû provenir de ce que cette relation n'étoit pas affez détaillée & précife dans quelques endroits, ou des fautes qui fe font gliffées dans le texte & les différentes traductions & impreffions que l'on a de cette lettre. Ainfi,* continue M. Delifle, *M. Buache qui a dreffé, fur les premiers memoires que je lui ai communiqués, la partie de cette carte qui concerne les découvertes de l'Amiral de Fonte eft excufable ; mais comme il n'y a fur cette carte que cette partie qui foit de lui, & que je fuis prêt de rectifier le refte, je me crois obligé d'avertir le public que j'ai fait regraver depuis deux mois cette partie intéreffante de ma carte, entiérement conforme à la relation de l'Amiral de Fonte, & que cette carte ſera miſe inceſſamment au jour avec quelques autres, & d'amples explications qui leveront, à ce que je crois, toutes les difficultés ; c'eſt ce dont j'ai cru devoir avertir le public, en priant ceux qui prennent part aux découvertes que j'ai voulu annoncer, de ſuſpendre leur jugement juſqu'à la publication de mon nouvel ouvrage.*

Dès que je vis paroître cet avertiſſement, je ſouſcrivis au jugement de M. Deliſle, & j'ai trouvé en effet que ſa nouvelle carte qui parut dans le mois de Septembre ſuivant, étoit aſſez conforme à la relation, & qu'il ne lui manquoit que l'authenticité de la premiere, c'eſt-à-dire, d'avoir été publiée à une rentrée publique de l'Académie, & préſentée au Roi. Cependant je ne pouvois comprendre comment dans un eſpace de tems ſi court, ſçavoir, depuis le mois de Juillet juſqu'au mois de Septembre, l'Auteur avoit pû recouvrer quelque inſtruction ſuffiſante pour corriger la premiere, & rectifier la relation dont on n'a pû juſqu'à préſent découvrir l'original.

Je ne conteſte point dans ce mémoire les tentatives que les Ruſſes ont faites pour découvrir ce fameux paſſage du nord qui attire une attention ſinguliere de la part de pluſieurs Puiſſances maritimes. Les noms des Capitaines qui y ont été employés par les ordres du Czar & de l'Imperatrice Anne , les observations astronomiques qu'ils ont faites pour fixer la situation des terres qu'ils ont découvertes , & le tems convenable qu'ils y ont mis font des motifs assez forts pour empêcher qu'on ne doute de leur réalité. La troisiéme & principale navigation des Russes a été celle du Capitaine Tchirikou qui poussa les découvertes plus loin que l'on n'avoit fait jusqu'alors. Mais quand on compare l'espace de mer parcouru par ce Capitaine , & déterminé par les observations astronomiques de M. de la Croyere , avec la navigation attribuée à l'Amiral de la Fuente , loin de pouvoir tirer de cette comparaison un motif pour ajoûter foi à l'Amiral Espagnol , il paroît au contraire qu'elle ne peut qu'infirmer davantage la découverte qu'on lui attribue. Tandis que le Capitaine Russe parti du port de *Kamtchatka* appellé *Avatcha* le 15 Juin 1741 , & revenu dans ce port à la fin du mois d'Octobre suivant, n'a parcouru pendant l'espace de quatre mois dans sa route & son retour que la valeur de 140 degrés sous le cinquantiéme paralléle , c'est-à-dire , d'environ 1800 lieues dans un climat auquel il devoit être habitué , croira-t-on que l'Amiral Espagnol ait pû faire en cinq mois, le chemin depuis

Lima jufqu'au quatre-vingtiéme degré de latitude avec fon retour jufqu'au 55 paralléle ? En effet, fuivant la relation, cet Amiral parcourt l'efpace de 900 lieues du fud au nord dans un climat inconnu, impraticable par les cataractes & les dangers dont les rivieres font remplies, ce qui fait jufqu'au depart du port *d'Arena* pour revenir à *Lima*, une route totale de plus de 3500 lieues. Si l'on compare encore cette nouvelle navigation avec celle du tour du monde faite par Magellan en trente-fept mois, par Drak en trois ans, par Candifch en vingt-fept mois, & par Anfon en trois ans neuf mois, l'on verra par l'infpection du globe terreftre fi les tems employés par ces grands navigateurs & par notre Amiral Efpagnol fe trouvent proportionnés aux efpaces parcourus. En vain l'on voudroit étayer ces découvertes Efpagnoles par des connoiffances que procure la lecture des livres Chinois ; il femble qu'on devroit plutôt confirmer ces connoiffances, qui ne peuvent être que conjecturales, par des découvertes réelles & authentiques qui déterminaffent, à n'en pouvoir plus douter, le contour précis des côtes & leur fituation refpective. Les cartes que j'ai vûes le 2 Mai de cette année à la rentrée publique de l'Académie, & pour lefquelles M.

Buache devoit lire un mémoire fervant
à confirmer encore les découvertes Efpagnoles , ces cartes , dis - je , ne font
point capables de diffiper mes doutes fur
leur authenticité , je ne les confidere que
comme des conféquences probables ,
que l'on devroit conclure des découvertes , en fuppofant toujours leur réalité.

Pour me convaincre entiérement fi mes
doutes étoient fondés , j'avois déja conçu
le deffein de m'inftruire par un moyen ,
fur le fuccès duquel je comptois beaucoup.
Je profitai de l'occafion favorable que me
procura un envoi de mes nouveaux globes à un Seigneur italien , qui a fixé fon
féjour à Madrid , pour le prier de vouloir
bien me procurer quelque décifion fûre
au fujet de ces nouvelles découvertes.
Voici la copie de la lettre que j'écrivis à
ce Seigneur le 20 Février de cette année.

MONSIEUR,

Je profite de l'heureufe occafion que me procure
cet envoi de mes nouveaux globes, pour vous
prier de vouloir bien me donner quelque décifion
fur une contestation qui s'eft élevée à Paris, & à
laquelle une carte géographique des nouvelles découvertes au nord & à l'oueft de l'Amérique feptentrionale a donné lieu. Je ne fçai point, Monfieur, fi cette carte eft connue en Efpagne. Le
Mémoire en a été lû à la rentrée publique de

l'Académie Royale des Sciences en 1750, & la
cärte a été préfentée au Roi dans le mois de Juillet 1752. L'approbation de l'Académie Royale
des Sciences n'eft fondée que fur l'autenticité fup-
pofée de la rélation de l'Amiral de Fonte ou de la
Fuente, envoyé, dit-on, par le Viceroi de Lima
en 1640 pour chercher s'il n'y auroit point une
communication de la mer du Sud à la baye d'Hud-
fon. Plufieurs Sçavans de Paris prétendent que cette
rélation eft chimérique, & même qu'il n'y a point
eu d'Amiral de Fuente. Vous êtes en état, Monfieur, de m'inftruire fi cet Amiral a exifté, s'il a
été réellement envoyé pour faire ces découvertes,
& fi ces découvertes font connues en Efpagne.
Une décifion de votre part fur ces objets impor-
tans levera tous les doutes, & ne pourra que contribuer beaucoup au progrès de la Géographie.
J'efpere, Monfieur, que vous voudrez bien m'ho-
norer d'une réponfe précife fur ces demandes.

J'ai l'honneur, &c.

Ce Seigneur reçut ma lettre le 3 Mars
fuivant, & eut la bonté de m'envoyer
des obfervations que j'ai reçues le 30
Avril dernier. Je ferois répréhenfible fi
je ne les communiquois à la Compagnie,
pour lui laiffer porter le jugement qu'elles
méritent. J'aurois defiré qu'elles euffent
été favorables aux nouvelles découvertes, ç'eût été un avantage réel pour la
Géographie ; & je n'aurois pas manqué
d'en faire ufage fur les nouveaux globes
que j'ai conftruits par ordre du Roi ; mais
ne pouvant pas changer la nature des faits,
je me contente du bonheur que me procu-

ré cet événement, d'avoir procuré à la
Compagnie des moyens capables de fixer
les doutes qu'elle avoit conçus fur l'objet
dont il s'agit. C'eft pourquoi je terminerai
ce Mémoire par la traduction des obfervations que j'ai reçues de Madrid. Je prie
la Compagnie de vouloir bien en infé-
rer l'original dans fes Regiftres, pouvant faire un monument remarquable pour
la Géographie. L'Académie me difpenfera
de dire le nom du Seigneur Italien de qui
je les tiens ; les faits qui s'y trouvent dé-
taillés, peuvent être vérifiés, & je fuis
en état de procurer les moyens convena-
bles pour qu'on puiffe s'en convaincre par
foi même.

Traduction des Obfervations envoyées de
Madrid le 16 Avril 1753, & reçues
le 30.

Le défir de fatisfaire exactement & avec préci-
fion à la queftion de M. Vaugondy eft caufe que
j'ai différé jufqu'à préfent à communiquer les connoiffances que l'on m'a demandées. J'ai moi-même été obligé de me fervir d'autres perfonnes
pour avoir des informations qui fuffent fûres, &
qui ne me laiffaffent aucun doute. Cette néceffité
même étoit une nouvelle raifon du retard ; mais
j'efpere que l'on en fera dédommagé, puifque je
me flatte d'avoir réuffi dans ma recherche.

Elle nous conduit à une condamnation entiere
de tout ce que l'on dit du Capitaine Barthelemy
de la Fuente. La relation publiée par les An-

glois eſt une pure imagination, toute cette hiſtoire n'eſt qu'un roman, & voici les raiſons qui doivent nous en convaincre entiérement.

En premier lieu, les Sçavans de cette Nation conviennent qu'ils ignorent ce prétendu ſuccès. Ulloa, George Juan, Solano, Sobenbiella, qui outre leur érudition ont eu pendant toute leur vie une liaiſon continuelle avec les affaires de la Marine & des Indes, ſont les premiers à dire la même choſe. L'Avocat Riembault, le plus grand hiſtorien de la Cour, & qui eſt mon ami, m'a aſſuré que dans toutes les hiſtoires d'Eſpagne il ne ſe trouve pas un mot de ce voyage. Ce ſilence général des Auteurs de la nation eſt incompatible avec un fait qui n'auroit pas manqué de faire grand bruit, s'il eût été réel.

2°. Il faut ajoûter à ceci, que les Eſpagnols ont, avec un ſoin fort exact, conſervé dans les archives du Pérou la ſuite de tous les Vice-Rois & la mémoire des choſes importantes arrivées pendant la vie de chacun d'eux. On en a publié la liſte dans l'ouvrage qu'Ulloa a mis au jour, & qui a été dernierement traduit en Hollande. Un Leyra fut Vice-Roi en 1640 ; cependant on n'a jamais parlé, ni rien écrit de ſon expédition & du grand deſſein de découvrir des communications avec la Chine. Il faut donc ſe faire violence pour ſe perſuader qu'il ait réuſſi.

3°. L'an 1750 M. Wal, Miniſtre de Sa Majeſté Catholique à Londres, fit la même recherche que M. Vaugondy fait à préſent. Il s'adreſſa à un Miniſtre du Roi ; & par ordre de Sa Majeſté Catholique, on chercha en même-tems dans les archives du Conſeil des Indes, s'il y avoit quelque rapport d'un cas pareil, on n'y trouva rien du tout ; on penſa que les Mémoires pouvoient avoir été mis dans l'archive générale du Royaume, qui eſt celle de Simancas ; on y fit auſſi toutes les re-

cherches possibles , mais inutilement. Quand le
Souverain même ne peut pas trouver la moindre
preuve d'un point semblable , je crois que le cas
est désespéré , & que par conséquent il n'y a rien
de vrai de tout ce que l'Auteur de la rélation
dit sur cet article. Le fait que j'avance est constant ; j'en suis convaincu par les preuves les plus
authentiques , puisque les personnes mêmes qui
y ont eu part , & qu'il ne m'est pas permis de
nommer , me l'ont assuré. Je conclus donc pour
moi , que ce voyage au nord & à l'est de l'Amérique septentrionale n'a jamais eu lieu , & que
par conséquent on n'a pû faire aucune découverte par ce moyen supposé. Un ami de Lisbonne
me fit la semaine passée la même question , je
trouvai la chose singuliere , je lui fis la même
réponse , mais moins étendue.

La carte de M. de Lisle n'est pas encore venue en Espagne que je sçache. On en a pourtant
eu quelque connoissance , de même que de la susdite question , par les Mémoires de Trévoux ,
que l'on traduit tous les mois en Espagnol pour
la commodité du public.

Les Peres de Trévoux parlent d'une maniere
douteuse de cette expédition ; ils peuvent , selon
moi , à présent la nier hardiment.

Ce que je puis ajoûter , est que les PP. Jésuites
ont demandé & obtenu du Roi un secours d'hommes & d'argent , pour suivre certaines découvertes qu'ils ont commencées sur les côtes de la
Californie ; nous verrons ce qui en arrivera. Je
n'ai rien de plus à dire pour le présent.

Extrait des Regiſtres de l'Académie Royale des Sciences , du 24 Juillet 1753.

Nous Commissaires nommés par l'Académie ,
avons examiné un Mémoire de Géographie , pré-

fenté par Monfieur *Robert de Vaugondy*, qui a pour titre : Obfervations fur les découvertes de l'Amiral *de la Fuente* au nord & à l'oueft de l'Amérique feptentrionale.

L'Auteur commence par déclarer que le Mémoire qu'il a entendu lire à l'Affemblée publique de Pâques 1750, & qui contient la relation écrite par l'Amiral Barthelemy *de la Fuente*, lui a paru affez important pour attirer l'attention du public, & en mériter le fuffrage ; qu'enfuite ayant examiné la chofe attentivement, il eft parvenu, auffi-tôt qu'il a été éclairci fur diverfes queftions que tout Géographe eft en droit de faire, à former quelques doutes à ce fujet. Ceux que propofe M *Robert* font affez précifément les mêmes que ceux qui ont été propofés par plufieurs Membres à l'Affemblée de l'Académie fur l'autenticité de cette rélation.

Car l'Auteur expofe pour premier motif de fes doutes le filence profond que l'on a gardé depuis 1640 jufqu'en ces derniers tems, ou plûtôt, comme on l'a prétendu, jufqu'au commencement de ce fiécle-ci, fur ces découvertes vraies ou prétendues de l'Amiral Efpagnol.

Le fecond motif eft fondé fur le peu de tems que ce même Amiral a employé pour découvrir une fi grande étendue de terre. L'examen que l'Auteur fait de cette navigation, le défaut de vraifemblance joints aux obfervations d'hiftoire naturelle circonftanciées que l'on y trouve, de même que la remarque d'un phénomène fi extraordinaire & fi difficile à croire d'un lac traverfé par une cataracte, & donnant naiffance à deux rivieres dont le cours eft oppofé & la pente en direction contraire ; toutes ces difficultés que propofe M. *Robert*, nous ont paru mériter quelque attention, & font en effet de quelque poids.

Mais il y a un troifiéme motif encore plus

puissant, & qui a contribué le plus à fortifier l'Auteur dans l'opinion où il étoit de ne pas faire usage de cette rélation, comme ne pouvant contribuer en aucune maniere à ses recherches géographiques ; c'est le défaut de correspondance qui se trouve entre la carte présentée au Roi par M. Delisle, & la rélation qui devoit en être le fondement, ce qui est difficile à concilier avec l'avertissement inséré par M. Delisle, ou du moins sous son nom dans les nouvelles publiques.

Enfin l'Auteur, pour continuer d'approfondir les recherches géographiques, & dans le dessein de perfectionner son globe terrestre au nord de l'Amérique occidentale, s'est déterminé à écrire en Espagne pour sçavoir ce que l'on pensoit à Madrid & à Cadiz sur les découvertes de l'Amiral Espagnol ; l'Académie ayant aussi paru desirer de nouveaux éclaircissemens à ce sujet de M. d'*Ulloa*, la réponse qui est venue nous a fait assez connoître qu'on n'étoit pas obligé de faire un grand fonds sur le journal de l'Amiral *de la Fuente* ; & nous croyons qu'on ne peut pas ici exiger d'aucun Géographe, ni par conséquent de M. *Robert*, d'adopter des faits aussi peu constatés que ceux-là, de même que toutes les rélations où l'on ne trouvera aucun détail de longitude ni de latitude qui ne pourront servir à perfectionner cette partie de l'Amérique septentrionale. *Signé*, BOUGUER, LE MONNIER.

Je certifie le présent Extrait conforme à son original & au jugement de la Compagnie. A Paris ce 28 Juillet 1753.

GRAND-JEAN DE FOUCHY,
Secrétaire perpétuel de l'Académie Royale des Sciences.

Le Journal Oeconomique de Juillet p.75. met ici la Note qui suit, après avoir donné les Observations de même caractere qu'ici.

Nous faisons part au Public des remarques suivantes que nous a fait remettre M. Buache.

Re-

Remarques Historiques sur les Observations critiques de M. Robert le fils, contre la Relation de l'Amiral de Fonte.

Le jour même qu'une espece d'abregé de ces Observations fut lû à l'Académie, c'est à dire le 26. Mai dernier, M. Buache fit part à la Compagnie d'un Mémoire qui avoit pour titre : Objets à considerer sur un Mémoire qu'il avoit appris qu'on se proposoit de présenter à l'Académie contre la Relation de l'Amal de Fonte. Il y montre, 1.º Que ce n'est pas seulement par des raisonnemens, mais par quelques pieces vraimt autentiques qu'il faut établir la fausseté de cette Relation. 2.º Que si on ne prouve pas suffisamment cette fausseté, c'est déclarer gratuitement que cette Relation qu'elle a été fabriquée en Angleterre, où elle a été imprimée trois fois, la premiere en 1708. il y a 45. ans, sans qu'il paroisse qu'on l'y ait attaquée. 3.º Que lorsque la Carte des nouvelles Découvertes fut présentée à l'Académie en 1750. par Mrs De l'Isle & Buache, Mr d'Ulloa. Officier Espagnol qui a accompagné Mrs nos Académiciens au

+ Antonio

au Pérou, dit à la Compagnie qu'il avoit
aü connoissance de ladite Relation en
Amérique, & qu'elle se trouvoit entre les
mains des Pilotes au Pérou : que M. Godin,
interrogé si cette Relation étoit aussi douteuse
qu'elle le paroissoit
à quelques-uns, a répondu à plusieurs personnes
qu'on en pouvoit tirer parti plus qu'on ne
pensoit. 4°. Que les recherches dont M. Buache avoit commencé à faire part à la
Compagnie depuis le 9. Août 1752. étoient vrai-
ment du ressort de la Compagnie, & qu'il paroissoit qu'on vouloit comme les anéantir a-
vant qu'on en connût les détails & les preuves.

L'Académie a fait insérer dans ses Re-
gistres les deux Mémoires, & elle a jugé
qu'il étoit nécessaire d'écrire en Espagne à
M. d'Ulloa. Il est venu le 4. Juillet deux.
Lettres de ce M.r qu'il seroit intéressant
pour le Public de voir imprimées, d'autant
plus qu'elles confirment ce qui a été dit
ci-dessus de M. d'Ulloa. M. Buache ay.t
pris ensuite connoissance du Mémoire critique
de M. Robert, en a fait l'examen, & a présenté ses Remarques à l'Académie le 20.
Juin, faisant voir que ce Mémoire étoit insuffi-
sant. Aussi voit-on que l'Académie dans le
Rap-

Rapport des Commissaires du 24. Juillet,
n'a point jugé que ce Mémoire méritât
d'être imprimé, comme il est d'usage de
le dire à l'égard des Piéces qu'elle
trouve dignes de cet honneur. Et le
7. du même mois, M. Buache a obtenu
de l'Académie l'approbation & l'impression d'un autre Mémoire, où il montre
en détail l'accord de la Relation de
l'Amiral de Fonte, avec tout ce qu'on
connoît d'ailleurs, & qu'ainsi il est utile d'en faire usage. Ce Mémoire &
un autre du 9 Août (de l'année derniere) sur le même sujet, approuvé par
l'Académie le 6. Septembre suivant,
s'impriment actuellement.

Du 14. Août 1753.

Nota. Le Journal Œconomique, où ^de Juillet
se trouvent les Observations critiques de
M. Robert†, & les Observations historiques
que l'on vient de voir; n'a été publié que vers
le milieu de Septembre; & les Observations
de Mr. Robert dont il avoit paru un mois devant
quelques Exemplaires tirés à part, ont été refutées
dans le Journal des Sçavans qui a paru le 1er
Septembre, comme on le voit ci-à-côté —

†(même ca-
racteres)

Le Journal des Scavans du mois de Septembre, après avoir fait un Abregé des Observations de M. Robert & de la Lettre du Seig.ʳ Italien (dont on auroit, dit-il, souhaité que M. Robert eût mis le nom) parle ainsi :

„ Nous n'avons aucun dessein de soutenir la „ vérité de la Relation de l'Am.ᵈ de F. mais „ nous croyons en même-tems que tout ce „ que nous venons de rapporter n'est pas „ suffisant pour nous la faire rejetter; & qu'il „ ne peut point résulter de ce que l'on n'a „ rien trouvé en Espagne, que cette Piéce „ soit fausse & supposée. Nous lisons dans le Traité „ des Tartares par Bergeron qu'un Roi de Portugal „ défendit de publier la Relation d'un Navigateur „ qui avoit trouvé le passage du Nord. Cette politique „ a donc pu causer la perte de plusieurs de ces Mé- „ moires, ou au moins empêcher qu'on en eût com- „ munication, malgré les recherches que ces peu- „ ples semblent permettre. Nous croyons donc que „ cette Relation mérite non seulement d'être conservée „ mais encore que les Géographes doivent en faire „ usage, afin qu'elle soit une occasion de faire de
                                          nouvelles

„ nouvelles recherches , ou pour augmenter les
„ découvertes ou pour les rectifier.
„ Il paroît que les Espagnols, de même que
„ les autres Nations de l'Europe, ont fait plusieurs
„ tentatives pour trouver le Détroit d'Anian, &
„ un passage au Nord. Bergeron … nous ap-
„ prend qu'avant l'an 1592. Jean de Fuca
„ avoit été envoyé par le Viceroy du Mexique
„ avec trois petits Vaisseaux & cent Espagnols
„ pour découvrir le Détroit d'Anian & y construi-
„ re des forts, afin que les Anglois qui le cher-
„ chèrent dans le même tems, ne pussent le
„ passer. Ce voyage fut sans effet par la muti-
„ nerie des soldats. L'an 1592. le même Jean
„ de Fuca fut chargé de rechef … (entra dans
„ un passage) entre 47. & 48 .. naviga 20
„ jours ..... Voilà, pour le dire en passant
„ la découverte de cette Mer de l'Ouest que M.
„ Robert rend fort problématique, disant qu'il
„ est surprenant que depuis 1717. on ne fasse
„ que commencer à en avoir connoissance. Que
„ de découvertes ne feroit-on pas, si l'on
„ copioit moins, & si l'on se donnoit la
„ peine de puiser dans les sources. Jean
„ de Fuca n'alla pas plus loin, & revint à
„ Acapulco.

„ En 1579. un Portugais nommé Martin Chac-
„ ke montroit une Relation de son voyage, &
„ disoit avoir découvert le passage des Indes par
„ le Nord. Ce passage étoit situé vers le 59.ᵉ
„ degré. Il y entra ... & parvint jusqu'en Ir-
„ lande & de là à Lisbonne: c'est cette Relation
„ que le Roy de Portugal fit supprimer.

„ Ce que nous venons de rapporter, nous
„ fait connoître, 1.º qu'avant l'Amᵃˡ. de F. c'est
„ à dire avant 1640. les Espagnols & les Por-
„ tugais songeoient à découvrir le passage, à
„ s'en rendre les maîtres & à en ôter la con-
„ noissance aux autres: 2.º que plusieurs d'entre
„ eux avoient pénétré dans les Pays qui nous
„ sont actuellement inconnus. De là nous pou-
„ vons soupçonner; que c'est pour cette raison
„ que l'Amiral de F. qui continua en cela les
„ vûes du Gouvernement, employa si peu de
„ tems à parcourir ces vastes Pays dont il
„ devoit avoir déjà quelques connoissances.

„ Au reste il ne faut pas dissimuler que
„ M. Robert a grossi un peu les objets, lorsqu'il dit
„ que l'Amiral Espagnol a fait des observations sur
„ les animaux & les autres productions du Pays.
„ ces observations dans la relation de l'Amiral,
„ se réduisent à dire qu'il a vu tel animal ou
„ tel poisson, ce qui n'emporte pas beaucoup de
„ tems & ne pouvoit le retarder dans sa route:
                                              car

car l'objection la plus forte est le peu de tems que
cet Amiral mit à faire son voyage. La route qu'il
fit depuis Lima jusqu'au 55.e degré qui est le
commencem.t des découvertes, etoit connue de F.
elle est d'environ 1650. lieües, & il employa deux
mois à la faire. Lorsque Christophe Colomb
alla pour la 1ere fois du Portugal aux Isles An-
tilles, il fit en moins de 3. mois environ 1800
lieües, & il ne fut pas six semaines dans son
2.d voyage. Toute cette route lui étoit cependt.
inconnue. A l'égard de celle que l'Amiral
fit dans les terres, depuis l'embouchure de la
Riviere de Los Reyes jusqu'a la Ville Indienne,
elle ne paroît être au plus que de 400. lieües;
& quoiqu'il ne mît pour la faire qu'environ
25. jours, c'est à dire depuis le 22. Juin jusq.
17. Juillet, elle n'est point encore hors de toute
vraisemblance, comme ledit M. Robert. Le
P. Hennepin qui n'avoit qu'un simple canot
& deux hommes, & qui découvrit le 1.er la Louisiane, descendit en partie sur des glaces le Mis-
sipi jusqu'a la mer, pendant 340. lieües depuis
le 8 Mars 1680. jusqu'au 27. ou 28. Cependant il n'alloit point de nuit, & il cabanoit
dans les Isles ou sur le bord du fleuve. Il le
remonta ensuite pendant 490. lieües depuis
le 1. Avril jusqu'au 13. M. de la Salle en
1682. fit plus de 800. lieües de course & de
navigation depuis le 2 Fevrier jusqu'au 7 Avril.

p. 1902.

Il paraît que M. Robert s'est attaché plutôt
à former des objections, qu'à examiner si elles
sont bien fondées; par exemple, lorsqu'il dit que c'est
en vain que l'on voudroit étayer ces découvertes Espagnoles, par des connoissances que procure la lecture
des Livres Chinois. M. Robert, mieux instruit, auroit
vû que dans ces recherches il s'agit moins de l'Amal.
de F. que du Capitaine Tchirikow, dont la route va
se terminer au même point que celle des Chinois

Le peu de rapport que M. Robert trouve entre
la Carte & la Relation, ne prouve point la fausseté
mais seulement que ceux qui ont dressé la Carte,
n'ont pas bien saisi la pensée de l'Amal. de F. à
moins qu'on ne veuille regarder cela comme une
faute d'impression. Nous ne croyons pas devoir
insister sur une foule d'autres objections qui
n'ont aucune solidité, ou qui se réduisent à demander pourquoi depuis si longtems on n'a pas
eû connoissance de la Relation de l'Amal. de F.
On ne pourroit encore la rejeter quand même
on y appercevroit quelques faits avancés contre la
vérité, parce que nous ne croyons pas que dans
les Relations les plus authentiques & les plus dignes
de foi, on prétende garantir tout ce qu'on y lit. Mais
une méprise qui ne vient peut-être que de ceux par
les mains desquels la Relation a passé, ou de ce
que dans le texte on ne s'est pas assez clairemt.
expliqué, ne peut influer sur le reste & nous la
faire regarder comme une Pièce supposée. La
Relation de Marco Polo a paru fabuleuse: cependant plus on a connu les pays dont ce voyageur parle
plus on a vû qu'il ne s'est point écarté de la vérité.
Au reste

p. 1905.

" Au reste nous abandonnons la défense de
" cette Piéce à ceux qui l'ont examinée à fond;
" & si nous avons pris la liberté de proposer quel-
" ques-unes de nos réflexions, ce n'est pas dans
" le dessein de garantir l'autenticité de la Rela-
" tion de l'Amal Espagnol, mais uniquemt pr
" faire voir que les preuves que l'on rapporte dans
" le dessein d'établir sa fausseté, ne remplissent
" point cet objet. Comme on ne doit avoir d'au-
" tre but que la recherche de la vérité, nous
" souhaiterions que l'on apportât des raisons
" assez solides, ou pour nous faire recevoir cette
" Relation, ou pour nous la faire rejetter. En
" attendant, nous croyons devoir suspendre notre
" jugement, & engager les Géographes à en
" faire usage, en indiquant seulement que les con-
" noissances Géographiques que l'Amal de F. nous
" fournit, n'ont pas la même autenticité que
" celles que nous avons reçuës des autres Voya-
" geurs sur le reste de la terre. Ainsi loin
" de nous opposer à la publication de ces nou-
" velles découvertes, nous ne pouvons que
" sçavoir gré à MM. de l'Isle & Buache
" de nous les avoir fait connoître, comme nous
" sçavons gré à ceux qui les examinent avec
" une critique sage, judicieuse, impartiale, &
" desintéressée.

(Fin du Journal)
de Septembre 1753.

Les Mémoires de Trévoux de
Novembre 1753. en parlant des deux
Ouvrages de M.rs De l'Isle & Buache
sur les Découvertes au Nord de la Mer
du Sud & en particulier de celles de
l'Amiral de Fonte, disent un mot
du Mémoire de M. Robert, & après
avoir traité les Observations du Journal des
Scavans de judicieuses, il ajoute: On y fait bien sentir
que les doutes de M. Robert, ne sont pas encore au point d'infirmer
la Relation de l'Am.l de Fonte;
ni les Pièces publiées en sa faveur.

Dans le Journal Oeconomique de
Septembre, 1753. (qui a paru en Novembre) Se trouve une Réponse de
M. de Vaugondy fils (pp. 78 – 97.) à l'Auteur
de l'Extrait de ses Observations critiques sur
la Relation de l'Amiral de Fuente, inséré dans
le Journal des Scavans, Septembre 1753. [M.r Buache y a
répondu, Journal Oeconomiq. de Décembre]

Au milieu de tout ceci, il a paru deux Ouvrages Étrangers, l'un en Angleterre & l'autre à Berlin, où l'on parle par occasion contre la Relation de l'Amiral de Fonte & des Nouvelles Découvertes;

1° Remarques (de M. Green) sur les N.lles Cartes de l'Amerique, (in 4°) à Londres 1753. Il se déclare d'abord (pp. 23. & 24.) contre la Relation de l'Am.al de Fonte (à ce qu'il paroît par un effet de la Politiq. Angloise contre les Espagnols.) Il y revient ensuite dans son Postscriptum (pp. 45—48.) en parlant de la Carte des N.lles Decouvertes de 1750. mais d'une manière vague & douteuse : 3° dans son Avertissem.t de même, (4 pages) & enfin 4°. dans un petit Postscriptum du 20. Decembre 1752. mais il paroît disposé à écouter des raisons au moins sur l'usage qu'on a fait de la Relaon de l'Amiral de Fonte.

II°. Lettre d'un Officier de la Marine Russienne, (Berlin, in 8) Il parle à la fin, très fort (pp. 46—53.) contre la Relation de l'Am.al Espagnol, (comme évidemment fausse) & il prétend qu'on doit appeller les Pays à l'Est du Detroit N.lle Russie. S'il attaque M. Delisle, il confirme au reste le Systême de M. Buache, qui a fait à ce sujet de N.lles Observations (pp. 51-62. des Cons

LETTRE
DE M. BUACHE,

Premier Géographe du Roi, & de l'Académie des Sciences,

Sur les
NOUVELLES DECOUVERTES, &c.

Réponse
DE M. ROBERT DE VAUGONDY,

Géographe ordinaire du Roi.

REPLIQUE
DE M. BUACHE.

A PARIS,
Chez Antoine Boudet, Imprimeur
du Roi, rue S. Jacques.

M. DCC. LIV.

Lettre de M. Buache, premier Géographe du Roi, de l'Académie des Sciences, à l'Auteur du Journal Œconomique, sur les nouvelles découvertes au nord de la mer du Sud, &c.
Du 5 Décembre 1753.

1.

COmme vous avez inséré dans votre Journal de Septembre une Lettre de M. Robert de Vaugondy, où il est question de moi, vous avez trop d'équité pour ne pas également faire part de celle-ci au Public Il est nécessaire & de son intérêt qu'il soit informé de ce qu'elle contient, & que les illusions qu'on lui fait, involontairement ou à dessein, soient dissipées. Combien de personnes qui lisent votre Journal ont eu la pensée que les nouvelles découvertes dont on parle tant depuis un an ou deux, se réduisent à celles de l'Amiral de Fonte qui sont attaquées avec force !

2.

M. Robert, dans sa derniere Lettre, voulant parler des ouvra-

Réponse de M. Robert de Vaugondy, Géographe ordinaire du Roi.

1.

LEs découvertes qui ont donné lieu à contredire M. Buache, sont celles de l'Amiral de Fuente (le vrai nom Espagnol) & les seules que j'aie attaquées ; on peut s'en convaincre, en lisant encore mes observations du 26 Mai & ma réponse à l'Auteur du Journal des Sçavans, Sept. 1753.

2.

* L'avertissement *inséré dans la Mappemonde publiée par mon pere,*

(2)

ges que j'ai publiés, (sous le privilége & avec l'approbation de l'Académie) ne fait point connoître de quoi il est question, & précisément dans le même tems il expose au Public une Mappemonde (celle de 1749) où il a nouvellement ajoûté un * *avertissement* singulier ne l'a été que pour nous dispenser de répondre aux fréquentes questions qu'on nous faisoit sur cette Carte, en n'y voyant pas les découvertes prétendues de l'Amiral de Fuente ; aussi il n'est fait mention dans cet avertissement que de celles-là.

que je rapporterai dans un moment, & où, sous l'ombre de l'Amiral de Fonte, il semble anéantir des découvertes incontestables. Rien n'est plus capable de dissiper l'illusion que mon *exposé* imprimé, tel qu'il a été présenté au Roi. Je vous prie, M. de l'insérer ici en entier, & comme il suit.

EXPOSÉ
DES DÉCOUVERTES
AU NORD DE LA GRANDE MER,

Soit dans le Nord-Est de l'Asie, soit dans le Nord-Ouest de l'Amérique, entre le 160. dégré de Longitude & le 287. & depuis le 43. de Latitude Septentrionale, jusqu'au 80.

DÉCOUVERTES DES RUSSES
(*en couleur rouge*)

,, Depuis 20 ans, comparées avec les idées qu'on avoit ci-
,, devant du Nord-Est de l'Asie & des Terres voisines de
,, l'Amérique, comme en étant séparées par un Détroit.

DÉCOUVERTES DES FRANÇOIS.
(*en bleu*)

,, Depuis 15 ans, savoir la Partie la plus Occidentale de
,, la Nouvelle France ou du Canada, jusqu'à 300 lieues
,, au-delà du Lac supérieur.

RÉSULTAT DE DIVERSES RECHERCHES.
(*en jaune foncé*)

,, Faites par feu Guillaume Delisle & Philippe Buache,
,, dont l'objet est d'un côté la Mer de l'Ouest au Nord

(3)

„ de la Californie & à l'Ouest du Canada, avec sa
„ prolongation jusqu'à la Baye d'Hudson; & de l'autre
„ côté, une grande Presqu'Isle qui forme un long Dé-
„ troit entre le Nord-Est de l'Asie & le Nord-Ouest de
„ l'Amérique.

DECOUVERTES DE L'AMIRAL DE FONTE

(en jaune pâle)

„ Au Nord des précédentes, & qui se trouvant enchaffées
„ avec elles, s'accordent avec tout ce que l'on connoît
„ d'ailleurs.

PRESENTE' AU ROI

Le 2 Septembre 1753.

„ *Avec les* Considérations Géographiques & Physiques sur
„ *ces* Découvertes, *& les 6 Cartes qui y sont relatives,*
„ *par* Philippe Buache, *Premier Géographe de Sa Ma-*
„ *jesté, & de l'Académie des Sciences.*

3.

On voit que cet ex-
posé est relatif à ce qui
est coloré en plein dans
ma Carte générale,
& qu'il exprime ce qui
étoit vuide sur le globe
terrestre entre les points
ci - devant connus. Je
dis dans mon avertisse-
ment que cette Carte,
avec les suivantes, est
le résultat d'un travail
occasionné par les dis-
cussions auxquelles la
relation de l'Amiral de
Fonte a donné naissance dans l'Académie dès 1750.
L'objet principal de ce travail, dont je donne
la preuve que j'étois occupé depuis long-tems,
est de la derniere importance. C'est, dis-je, la
disposition de l'Asie & de l'Amérique voisines
l'une de l'autre; question la plus intéressante qui
ait jamais été traitée publiquement en Géographie, & à laquelle ont rapport d'un côté les nou-

3.

*Je ne conteste point
à M. Buache la réalité
des découvertes tant des
Russes que des François;
mais quant aux décou-
vertes Espagnoles qu'il
dit s'enchasser comme
naturellement dans un
espace que rien autre
chose ne remplit, je dis
que toute autre décou-
verte qu'il lui eût plu
imaginer, s'y seroit
enchassée tout aussi-bien.*

velles découvertes des Russes, de l'autre celle des François, & au milieu ce que des recherches & des discussions nous présentent.* Les pays décrits en général dans la relation de l'Amiral de Fonte, s'enchassent comme naturellement dans un espace que rien autre chose ne remplit ; & j'ai fait voir avec l'approbation de l'Académie, qu'ils s'accordent avec tout ce qu'on connoît d'ailleurs de ces Régions. Voilà ce que M. Robert a sous les yeux, & ce qu'il devoit essayer d'attaquer pour l'instruction du Public.

4.

Au lieu de cela il ne nous entretient que de ses doutes sur la relation de l'Amiral Espagnol, sans nous rien apprendre. Il cherche à multiplier les difficultés en demandant, par exemple, la Relation de Shapely ; & s'il dit quelque chose sur mon travail, il se garde bien d'en montrer les objets. Il y a plus, comme je l'ai dit, il semble avoir affecté de couvrir d'un autre voile toutes les nouvelles découvertes, par la disposition de l'avertissement de sa Mappemonde, où il ne fait

4.

Le tems convertit mes doutes en preuves véritables que la rélation de l'Amiral Espagnol n'existe point. Qu'on lise le Jugement de M. Green, sçavant Géographe Anglois, dans ses Remarques sur l'Amérique en 6 feuilles qu'il vient de publier, & celui de la Lettre de l'Officier de la Marine Russienne (citée ci après par M. Buache) depuis la page 46 jusqu'à la 53 ; l'on décidera ensuite si c'est à tort qu'on caractérise cette rélation de chimérique.

pas la moindre mention des terres découvertes en 1741 par les Russes au Nord de la mer du Sud, sous les latitudes de 51, 55, &c.

Il est vrai qu'il auroit copié ma premiere

Ce n'auroit point été copier la premiere Carte

(5)

Carte ; mais je prie d'a-
bord qu'on faſſe atten-
tion à la place que cet
avertiſſement occupe ; il
eſt entre les 200 & le
270 degré de longitude,
depuis le 50 juſqu'au 60
de latitude. 2°. Voici
ſes termes. „ Quelques
„ Auteurs mettent ici
„ des terres qu'ils di-
„ ſent avoir été décou-
„ vertes par l'Amiral de
„ la Fuente en 1640 ;
„ mais le défaut de
„ preuves & l'ignorance
„ abſolue où l'on eſt de
„ cet Amiral en Eſpa-
„ gne, ôtent toute créan-
„ ce à cette Relation.
„ Nous ſçavons (ajoûte
„ M. Robert) que des
„ Jéſuites Eſpagnols ont

*de M. Buache , que d'em-
ployer ces découvertes
Ruſſiennes ; je pouvois
les exprimer par moi-
même , joüiſſant auſſi-
bien que lui des Mé-
moires originaux ; mais
elles ſont de trop petite
étendue ſur une Mappe-
monde d'une feuille, d'ailleurs on ne leur a pas fixé
de longitude, ni même aſ-
ſigné de nom. Nous prions
d'obſerver que l'aver-
tiſſement qu'on lit vers
cet endroit , n'a nulle-
ment en vûe les décou-
vertes des Ruſſes ; nous
ne l'avons fait que contre
la prétendue rélation de
Fuente.*

„ demandé depuis peu des hommes & de l'argent
„ à Sa Majeſté Catholique pour pourſuivre leurs
„ découvertes ſur les côtes de la Californie. Nous
„ attendons la réuſſite de cette prochaine expé-
„ dition „ ; & l'on renvoye au Journal Œconomique de Juillet pag. 55 , c'eſt-à-dire, aux Obſervations de M. Robert , malgré ce que j'ai rap-
porté dans mes *Remarques* qui ſe trouvent au même Journal, pag. 76 & ſuivantes. L'avertiſſement
que l'on vient de voir , eſt la premiere réponſe qui
ait paru contre le Journal des Sçavans , & cela
n'eſt propre qu'à jetter les Lecteurs peu inſtruits
dans une illuſion manifeſte.

M. Robert la forti-

** Les giſſemens & l'en-*

fic par la maniere dont il parle, fans néceffité, de mes ouvrages dans la Lettre qu'il lui a plû d'adreffer à *l'Auteur de l'Extrait du Journal.* Non-feulement, comme je l'ai dit, il ne fait pas connoître les objets principaux dont je fuis occupé ; mais même ce qu'il releve le plus n'a pas le moindre rapport à la rélation de l'Amiral de Fonte qu'il paroît d'ailleurs avoir toujours en vûe. * Et lorfqu'il parle des *giffemens* & de l'entrée de *Rio-los-Reyes,* fes doutes à part, il ne paroît faire nulle attention aux différens textes de la rélation, ni à ce qui y a rapport dans mon écrit, furtout à la latitude de l'entrée de cette riviere qui doit être à 63 & non à 53, comme l'a mis l'Ecrivain Anglois.

trée de Rio-los-Reyes dans la Carte de M. Buache, font abfolument contraires à la rélation Efpagnole. Le changement de 53 en 63, c'eft-à-dire d'un 5 en 6, arrête fort l'attention de M. Green dans fes Remarques fur l'Amérique. Ce fçavant Anglois, après de longues difcuffions, conclud enfin que ce changement a été fait à la main pour couvrir le vice groffier qui fe trouve dans la Carte, en ce qu'elle différe de 10 degrés du Mémoire donné par M. Delifle pour lequel & fur lequel uniquement cette Carte devoit être faite. L'on ne peut imputer cette altération à M. Delifle, puifque les exemplaires de ce Mémoire qu'il délivroit, non plus que ceux de l'Edition faite depuis avec une Carte, ne portoient point ce fingulier changement.

6

J'ai donné, pour éclaircir en partie la grande queftion de la difpofition de l'Amérique à l'égard de l'Afie, la réduction d'une Carte de Kamchatka & de fes environs publiée à Nuremberg par Homan, & la vûe des glaces du Nord-Eft de l'Afie tirée de l'original Ruffien : l'Académie a

(7)

approuvé mon travail à ce sujet; & M. Robert vient nous apprendre qu'il *n'avoit pas cru jusqu'à présent que cela méritât* notre *attention*. Je puis dire que je n'en ai maintenant nul besoin, parce que je suis en possession de quelque chose de bien plus fort; mais néanmoins on ne peut nier que cela ne mérite d'être conservé, pour faire voir le progrès des connoissances & l'utilité de la comparaison des recherches.

7.

M. Robert ajoûte qu'il *sçait une anecdote touchant l'original Russien* (où sont marquées des glaces au 70e. degré de latitude) ce qui lui *fait croire que ce morceau ne peut pas être de grande utilité*. Pourquoi donc après cela priver le Public de cette anecdote? * M. Robert gardant le silence à ce sujet, se contente de dire de moi: ,, J'aime mieux qu'il s'en ,, informe à quelque Sçavant de Russie, il en ,, révoquera moins le témoignage que ce que j'en ,, pourrois dire ,, Est-ce que M. Robert a appréhendé que je ne lui demandasse des preuves de l'autenticité de son anecdote? Helas! où en serions-nous encore avec lui, quand nous aurions l'original de l'Amiral de Fonte, ou *le feuillet d'un Registre* qui en parle, comme il l'exige aujourd'hui? Il nous entretiendroit toujours de ses doutes à l'abri d'une anecdote qu'il tiendroit cachée.

7.

** Par pur ménagement pour M. Buache.*

8.

Il dispute présentement sur l'autorité de la Carte de Nuremberg, & il observe enfin que la *position que l'on y donne au Kamtchatka par rapport au Japon*, fait voir qu'elle *ne peut être sus-*

8.

** L'ouvrage étoit important sans doute; mais il me suffit de répondre que le Sçavant, aussi respectable pour M. Buache que pour moi; & sous les yeux duquel j'exécutois, a été très-*

ceptible d'aucune gra-
duation. Ce n'est pas non
plus pour cela que j'en
ai fait usage : mais
pourquoi a-t-il copié
lui-même une Carte in-
férieure ? Ce grand
Kamchatka qui lui dé-
plaît aujourd'hui avec
raison, se voit dans une
des Cartes qu'il a faite
exprès en 1749 pour un
*ouvrage important. C'é-
toit ainsi que M. Robert
connoissoit le Kam-
chatka, & il le repré-
sentoit alors comme M.
son pere l'avoit fait dans
son Asie de 1739 & sa
Mappemonde de 1743
sur les Mémoires, di-
soit-il, *les plus ré-
cens*. Mais d'où l'a-
voient-ils tiré ce grand
Kamchatka dont ils fai-
soient le Jeso partie ? De
la premiere Carte de
l'Empire de Russie don-
née en 1726 à Amster-
dam, & dont on *ne con-
noissoit ni l'Auteur, ni
les autorités*. Ce qui est
plus étonnant, c'est qu'il
résulte de ceci qu'en

satisfait de ce travail.
Il y a eu des raisons pour
le faire ainsi ; mais
la discussion en seroit
longue & absolument
étrangere ici. Le vérita-
ble objet qui doit nous
occuper présentement,
est une Carte Allemande
publiée sans aucune au-
torité ; M. Buache s'en
sert au lieu de la Carte
de Russie que mon pere
avoit employée avec rai-
son dans son Asie de 1739
& dans sa Mappemonde
de 1743 **. M. Buache
ne doit pas ignorer que
ce Kamchatka avoit oc-
casionné une dispute en
1737 & 38 entre deux
sçavans Géographes *** :
l'un Auteur des Cartes
pour l'Histoire du Japon
par le P. Charlevoix ;
ce sçavant fit dans ce
travail usage du Kam-
chatka de la susdite Car-
te de Russie, & il en
soutint par divers écrits
le mérite. L'on ne peut
donc pas dire, avec M.
Buache, que l'on ne con-
noissoit alors à cette

** *Les planches de ces Cartes n'existent plus, ayant été
refaites en 1749.*
*** *MM. Belin & Danville.*

1749 M. Robert n'avoit encore aucune connoissance ni de l'Atlas Russien de 1745, ni de la Carte de Russie donnée par Hasius en 1739, ni de celle de Kirilow, Secrétaire du Senat publiée en 1734 : car en les consultant, il auroit évité de mettre *la position du Japon* au voisinage du Kamchatka.

Carte ni Auteur, ni autorités.

Nous connoissions avant 1749 la Carte d'Hasius, mais nous ne pouvions lui donner de la confiance que proportionnément au rapport que nous aurions trouvé entre elle & l'Atlas Russien, dont, quoiqu'il ait été publié en Russie en 1745, nous n'avons pû avoir un exemplaire

qu'en 1749 ; l'usage que mon pere en a fait aussitôt dans son Asie & sa Mappemonde publiées à la fin de ladite année, le prouve sans replique. Ceci me donne occasion de remarquer que M. Buache auroit dû lui-même faire usage de la Carte de Kirilow de 1734, de celle d'Hasius de 1739 & de l'Atlas Russien dans sa Carte du Globe Terrestre diaphane publiée le 3 Septembre 1746, au lieu de copier si servilement les Hémispheres sept. & mérid. de feu Guillaume Delisle son beau-pere ; son systême physique n'auroit pû qu'y gagner beaucoup.

9.

Pourquoi me force-t-il de dire encore qu'il est étonnant que des Géographes comme lui, ne voyent dans ma 6e. Carte (ou plûtôt dans l'extrait de la Carte Japonoise) que l'état déplorable où se trouve la

9.

* *M. Buache auroit dû, pour la double comparaison qui se trouve dans cet article, faire usage de l'excuse de Virgile : Si parva licet componere magnis.*

*Géographie dans les Pays Orientaux.** Les Sansons & Delisle ne s'arrêtoient pas à cette unique considération, lorsqu'ils faisoient usage de la Carte Romaine connue sous le nom de Peutinger. Quant à celui que j'ai fait de la Carte Japonoise, pour donner encore une preuve de la disposition de l'Asie à l'égard de l'Amérique, outre l'approbation de l'Académie, si je n'ai pas celle de M. Robert, j'en suis bien dédommagé jusqu'à présent par les Mémoires de Trevoux.

10.

Ce que M. Robert dit encore pour se justifier d'une accusation du Journal des Sçavans, en rejettant sa faute sur moi, m'oblige de dire un mot des connoissances tirées des Annales Chinoises, qui nous apprennent que les Chinois ont fait des voyages en Amérique. Jamais, non plus que *le Sçavant auquel on doit ces connoissances*, je n'ai pensé à *étayer par elles*

10.

** Ceci est une chose de fait. Mes propres yeux fixés sur une grande Carte manuscrite exposée sur le mur à la rentrée publique, ainsi que le témoignage de plusieurs personnes qui en lurent le titre comme moi, ont déterminé mon jugement à cet égard d'une maniere plus sûre que tout ce que l'on peut avoir dit depuis & dire à présent.*

les découvertes Espagnoles, comme l'avance M. Robert; & sa justification qu'il prétend appuyer sur le titre général de mes Cartes, *exposé*, selon lui, *à la rentrée de Pâques de l'Académie des Sciences*, n'a pas le moindre fondement *. Le Public en a la preuve d'une part dans *le Mercure de Juin* dernier (2 vol. p. 86) & de l'autre dans mes *Considérations* où je n'en fais usage que pour prouver la grande Terre ou Presqu'Isle du Nord-Ouest de l'Amérique dont j'ai aujourd'hui des preuves encore plus fortes.

11.

Est-ce respecter, comme je crois qu'on le doit faire, la mémoire de feu

11.

Le jugement que j'ai porté sur la mer de l'Ouest de feu Guillau-

Guillaume Delisle, que d'en parler comme fait M. Robert? En disputant sur un mot du Journal des Sçavans où il est question de la mer de l'Ouest, sans qu'il y fût rien dit néanmoins du célebre Géographe dont l'ouvrage à ce sujet n'étoit point encore entre les mains du Public, M. Robert s'écrie (après l'avoir vû :) ,, C'est donc ,, ici la belle découverte ,, de cette mer à laquelle ,, Guillaume Delisle a ,, donné le nom d'Ouest ! Plus de 300 témoignages que j'ai produits ne l'arrêtent point : il les a sous les yeux , & il appelle encore cette mer *problématique* , comme dans ses Observations du 26 Mai. Mais dans la suite revenant sur ses pas , il décide qu'on doit se contenter d'*avoir quelque soupçon de l'existence de cette mer : Contentons-nous* , dit-il, &c. Je laisse au Public à caractériser de pareils traits de la part d'un jeune homme : il me suffit de les rassembler , en observant qu'il ne com-

me Delisle , ne dément point le respect dont j'ai toujours fait profession pour sa mémoire. Il étoit véritablement sçavant, & la date de ses ouvrages fait bien voir qu'il avoit été nourri dès le berceau des connoissances géographiques. Quand on remarquera qu'il n'avoit que 32 ans , lorsqu'il présenta au Ministre le Mémoire de sa découverte, l'on ne sera point surpris de voir un jeune homme parler sur une matiere qu'un autre jeune homme avoit déja discutée. J'avance qu'on doit se contenter d'avoir quelque soupçon de l'existence de cette mer , & ma conjecture est que supposant la vérité de tous les rapports des Sauvages , cette mer de l'Ouest doit être un détroit , large , communiquant depuis le détroit de Fuca jusques dans la baye d'Hudson au Walcowe , puisque Martin Chacke dit avoir découvert un chemin ou passage des Indes de Portugal par le détroit de Neufonland, qui , selon

mence à avoir ce soup-
çon que d'après ce qui a
été si sensiblement mis
sous les yeux du Pu-
blic.

lui , est situé sous le 59e.
degré, *& par conséquent
ce détroit doit engloutir
les découvertes préten-
dues de l'Amiral Espagnol.*

12.

Pour bien juger de la Lettre qu'il a intitulée
Réponse , il faut la comparer avec le Journal des
Sçavans, & de cette comparaison que ne résultera-
t-il pas ? Si M. Robert *n'a pris intérêt* , comme il
le dit, *à la rélation de l'Amiral de Fonte , que
pour connoître la vérité* , combien de Sçavans en
pourroient dire autant ! Mais ont-ils fait comme
M. Robert ? Ont-ils cherché, pour s'en vanter
ensuite, *la gloire d'avoir eu à combattre plusieurs
personnes qui tiennent un rang dans la République
des Lettres ?* Auroient-ils répondu au Journal,
comme il l'a fait, &c. ? En écrivant, se seroient-
ils contenté d'exciter des doutes sans rien établir,
& cela sur une question importante en matiere
géographique, & qui a également rapport à l'Histoire & à la Religion, comme on l'a très-bien
observé dans *les Mémoires de Trevoux* du mois
dernier ?

13.

Je ne sçai si M. Robert se fera encore *gloire* de
faire une réponse à ces Mémoires, pour *démontrer* qu'ils ont eu grand tort de dire que dans les
Observations *judicieuses* du Journal des Sçavans,
*on fait bien sentir que les doutes de M. Robert ne sont
pas encore au point d'infirmer la rélation de l'Amiral de Fonte , ni les piéces publiées en sa faveur.*
Est-ce autre chose que l'intérêt de la vérité, qui
réunit ici les suffrages ?

14.

,, Mais, dit M. Robert, le jugement du Jour-
,, naliste est bien *différent* de celui de l'Académie,
,, & ces matieres sont plus du ressort de cette sça-

(13)

,, vante Compagnie que de toute autre. ,, Il y a
ici une nouvelle illuſion, que je crois devoir encore diſſiper. Le Journal des Sçavans, en diſant
que la relation de l'Amiral de Fonte *méritoit d'ê-
tre conſervée*, &c. s'eſt conformé au Jugement
que l'Académie a porté de mon ouvrage, & que
l'on verra dans un moment. M. Robert *devoit en
avoir connoiſſance*, lorſqu'il écrivoit ſa réponſe;
& s'il vouloit oppoſer ce qu'il a obtenu de l'A-
cadémie, il le devoit donc faire avec plus d'exactitude. Pour y ſuppléer, j'obſerverai d'abord que
des trois motifs de doutes de M. Robert dont l'A-
cadémie fait le récit, le premier qui concerne un
ſilence de 110 ans eſt détruit par l'Académie même; auſſi M. Robert convient-il nettement aujourd'hui (p. 81) que la relation de l'Amiral de
Fonte a été imprimée en Angleterre en 1708; il
y a 45 ans. 2° L'Académie appelle enſuite les
découvertes de cet Amiral *vraies ou prétendues*;
elle n'adopte donc pas le jugement de M. Robert, qui veut qu'on le regarde comme *chiméri-
ques & indignes de toute créance*, & qui ſe flatte
à la fin de ſes Obſervations d'avoir *procuré à l'A-
cadémie des moyens de fixer les doutes*. 3°. Elle déclare enfin qu'elle ,, ne croit pas qu'on puiſſe *exi-*

<table>
<tr><td>,, ger ici d'aucun Géo-</td><td>14.</td></tr>
</table>

,, ger ici d'aucun Géo-
,, graphe, *ni par conſé-*
,, *quent de M. Robert,*
,, d'adopter des faits
,, auſſi peu conſtatés que
,, ceux là. ,, Ainſi il a
ſeulement obtenu une
diſpenſe autentique d'en
faire uſage.

14.

*Cette diſpenſe, d'après
les propres termes de
l'Académie, s'étend à
tous les Géographes qui
veulent être toujours en
état de rendre un compte
ſenſé de leurs travaux.*

15.

Quant à moi, je ſuis autoriſé à faire uſage de
cette relation, avec l'approbation expreſſe de l'A-
cadémie qui a porté ce jugement d'après mes Con-

fidérations : *Il eſt utile de conſerver les décou-*
vertes de l'Amiral de Fonte, & d'en faire voir
l'accord avec toutes les connoiſſances & toutes les
indications qu'on a pû raſſembler juſqu'ici ſur les
bornes de l'Amérique Septentrionale du côté de la
mer du Sud & du Kamchatka. L'Académie a trouvé bon enſuite que j'invitaſſe ,, ceux qui ont quel-
,, que relation de toutes ou de quelques-unes de
,, ces contrées, à les communiquer au Public pour
,, confirmer ou pour rectifier le ſyſtême géogra-
,, phique que j'ai expoſé, avec les preuves & les
,, indices qui lui ſervent de fondement. ,,

16.

Enfin le 1. de ce mois (Décembre) l'Acadé-mie, en approuvant comme *fort utiles au progrès de la Géographie* mes *nouvelles Obſerva-tions* ſur les connoiſ-ſances qui nous ſont venues dernierement de Ruſſie, a jugé qu'elles *confirment le plan que j'avois ſuivi juſqu'ici dans mes recherches géo-graphiques,* & elle m'a exhorté à donner en conformité de tout mon *travail* une autre édi-tion de la grande Carte générale publiée en 1752.

16.

Ces connoiſſances ve-nues de Ruſſie ſe rédui-ſent à la Lettre d'un Officier de la Marine Ruſſienne que j'ai con-nue & lûe peut-être avant M. Buache, je l'ai cité plus haut. Elle favo-riſe ſon opinion ſur une grande preſqu'iſle ou lan-gue de terre tenante aux découvertes Ruſſiennes ſituées entre 235 & 240 de longitude, & aboutiſ-ſante à l'Oueſt à un port ſitué à 188. Puiſque nous parlons de cette Lettre, j'exhorte à lire attentivement ce que dit ſon Auteur au ſujet du prétendu Archipel S. Lazare.

17.

Ce que le Public a droit d'exiger de M.

17.

*Le modéle de la con-duite que propoſe M.

Robert, c'est qu'au lieu de parler des ouvrages des autres sans rien apprendre, il rende compte des siens propres. Qu'il fasse des *observations* où il expose,* comme je l'ai fait, les fondemens de ses Cartes; quels sont ces *Mémoires* les plus nouveaux qu'il cite en général dans le titre de la plûpart, & en quoi elles sont préférables à celles des autres Géographes, afin qu'on ait un juste motif d'y donner sa confiance : voilà ce qu'on attend de lui. Que M. Robert établisse son autorité en genre de connoissances géographiques; qu'il nous dise, par exemple, sur quels Mémoires il a mis les longitudes & les latitudes de tout ce qui est à l'Ouest de Quebec, dans sa nouvelle *Carte du Canada*, qui doit, selon l'esprit de son annonce (Mercure de Juillet & de Septembre 1753) faire évanoüir les Cartes que le Public a entre les mains, & d'après quoi il y a exactement, selon lui,

Buache, est beau sans doute; mais on peut, au sujet du compte qu'il exige, se trouver avoir exécuté ce qu'il prescrit sans s'être modélé sur lui. Depuis un certain tems ç'a été l'usage des habiles Géographes de rendre publiques les raisons qui les déterminent dans leurs travaux; moi-même dès le moment que j'ai commencé à travailler avec mon pere au nouvel Atlas *qui nous occupe actuellement*, j'ai couché sur le papier tous les motifs qui nous ont dirigé dans l'exécution de cette grande entreprise : lorsqu'elle sera achevée, le compte en sera rendu au Public.

Quant à ma *Carte du Canada*, M. *Buache* est surpris de n'y point trouver les découvertes faites par les François d'un pays de plus de 300 lieues, *situé à l'entrée du lac supérieur*; mais il doit sçavoir que la Nouvelle France *se distingue en Louisiane & en Canada, & que la Louisiane comprend tout le pays arrosé par le Mi-

distingué les possessions, quoiqu'il n'ait pas fait mention d'un pays d'environ 300 lieues à l'Ouest du lac supérieur où nous avons 6 Forts, comme je l'ai observé dans mes *Considérations* en parlant de sa découverte. Voilà pour M. Robert des sujets capables de satisfaire en même-tems aux doutes & à la curiosité du Public.

sissipi, *& les découvertes faites ou à faire plus haut à l'Ouest du lac supérieur : ainsi ne donnant au Public qu'une Carte des pays connus sous le nom de Canada, je ne devois pas sortir des bornes de cette région qui sont celles que j'ai données à ma Carte.*

18.

On *exige* encore de lui qu'il dise de quelle autorité il s'est servi pour corriger & amplifier sa nouvelle *Carte de l'Empire des Russes,* qui ne se donne dans le titre que comme faite d'après *les Cartes de l'Atlas Russien* ; car lorsqu'on l'y compare,* que de différences n'y trouve-t-on pas, & quel mélange étranger ? De-là naissent des doutes raisonnables dans l'esprit du Public éclairé ; il faut donc quelque écrit qui rende raison de cette Carte de M. Robert. Comme l'on est occupé des environs du Kamchatka, on lui demande pourquoi il a mis dans sa Carte le

18.

** Voulant bien encore rendre compte à M. Buache, je lui dirai que les différences & le mélange étranger qu'il remarque dans ma Carte de Russie, viennent de ce que j'ai preféré pour les pays limitrophes (comme la Pologne, la Mer noire, la Perse & la Tartarie Chinoise) les Cartes originales de ces différens pays négligés dans l'Atlas Russien.*

De ce que l'Atlas Russien ne fait point mention de la terre de Jeso, doit-on conclure que cette terre n'existe pas, & qu'elle est mal employée dans ma Carte ? Quoique le mot Gazima signifie Isle en Japonois, en Ara-

Iesogazima, qui en Japonois signifie Isle & non *presqu'Isle* de Jeso ; cette terre ne se trouve pas, & ne doit pas être dans l'*Atlas Russien*. Et pourquoi M. Robert a-t-il figuré dans sa nouvelle Mappemonde le Jeso comme deux Isles sans en marquer aucune de cette longue chaîne d'Isles qui sont vis-à-vis la pointe du Kamchatka, qu'il confondoit encore il y a 4 ans avec le Jeso ? Laquelle de ces Cartes de MM. Robert faut-il croire ? Le nom des Auteurs est connu, mais on demande leur autorité. Si, comme il nous le dit, *la Géographie peint le globe de la terre tel qu'il est*, &c. notre globe a donc bien changé en peu d'années, sous ses yeux, même en un an ; la rélation autentique d'un tel changement seroit curieuse.

be il signifie aussi presqu'isle ; c'est par cette raison que j'ai fait de la terre de Jeso une presqu'isle, confirmée d'ailleurs par *Hasius* dont les Sçavans reconnoissent le mérite. *L'Atlas Chinois* représente cette terre en *deux Isles* ; c'est sur quoi mon père s'est fondé dans son *Asie* de 1749. Il faudra encore plus d'une navigation dans ces cantons pour constater ce qui en est.

19.

En ne quittant pas encore le voisinage du Jeso, l'on remarque que l'Empire des Russes de M. Robert met les isles de *Zelenoi, Konosir,* &c. au midi de *Nadezda,* qui est une position très-différente de l'Atlas Russien qui les met au Nord & près du Japon à la place d'une partie du Jeso découvert par les Hol-

19.

Quant aux Isles qui vont du Kamchatka au Japon, *ce n'est point sans discussion que j'ai donné une place à* Zelenoi, Konosir, *&c. différente de celle qu'elles ont dans l'*Atlas Russien. *J'ai bien pensé que les isles* Trisestii & Cytronnoi *pouvoient faire partie de la terre de la* Compagnie, *l'isle de*

landois , comme on le peut voir dans ma quatriéme Carte , qui eſt vraîment faite d'après *l'Atlas Ruſſien.* De plus les Ruſſes ne reconnoiſſent point la terre de Gama , non plus que celle d'Ieſo ; on ne peut donc les placer d'après eux. Sur cela je crois devoir avertir M. Robert de conſulter, avant que d'écrire, l'extrait que je viens de publier ſur les nouvelles connoiſſances qui ſont venues de Ruſſie. Il s'en trouvera plus embarraſſé que de la rélation de l'Amiral de Fonte , parce qu'il ne pourra oppoſer des doutes ſur l'autenticité des piéces. Il a contre lui les Obſervations de M. Spangenberg , très-habile Marin , ſur la poſition des iſles de *Zelenoi, Konoſir,* &c. & il auroit dû les combattre ou les concilier avec les terres reconnues par le vaiſſeau Hollandois *le Caſtricom* qui a découvert le Ieſo. L'éclairciſſement que le Public attend de M. Robert à ce ſujet, ne

Zelenoi être celle des Etats, & l'iſle Konoſir la partie du Jeſo où eſt le Pic & le détroit de S. Antoine. Mais en attendant quelques éclairciſſemens , j'ai pris le parti de déranger la longitude de ces iſles Ruſſiennes , en conſervant pourtant leur latitude, plûtôt que de les abſorber , comme a fait M. Buache. Ce Géographe ſe contredit & tombe luimême dans les cas qu'il me reproche. La longitude que je donne aux iſles Triſeſtri , plus orientale que dans la Carte originale, ſe trouve encore ſurpaſſée par celle que leur donne M. Buache ſous le nom des trois Sœurs , leſquelles emportent la poſition des iſles de Zelenoi & Konoſir. Je ne ſçai ſur quel fondement il place au Sud-Oueſt des iſles des trois Sœurs , au midi de l'iſle Citronnoi , & par conſéquent au Sud-Oueſt de l'iſle de Nadezda (qu'il a omiſe) la petite iſle de Berezowoi qui doit être ſituée au Nord-

manquera pas d'appren-
dre quelque chose.

observation sans le secours de la Lettre de l'Officier de la Marine Ruffienne, *qui lui apprend que
M. Spangenberg a obfervé lui-même la pofition de
ces ifles. J'attends de fa pénétration le dénouement
de l'embarras où il fe trouve (en me le faifant remarquer) dans fes Cartes* 1, 2 *&* 3 *de fes* Confidé-
rations.

*Je fçai bien que la quatriéme Carte de M. Bua-
che non-feulement eft faite d'après l'Atlas Ruffien,
mais qu'elle n'en eft même qu'une réduction fervile;
auffi ne reffemble-t-elle pas en tout aux trois autres
citées ci-deffus. Ma Carte de Ruffie eft auffi une
réduction exacte de ce même Atlas, mais combinée
& conciliée avec les connoiffances topographiques
des Pays limitrophes que les Ruffes ont eux-mêmes
négligés, comme je l'ai dit plus haut. Cette négli-
gence ne peut donc pas autorifer M. Buache à dire
que les Ruffes ne reconnoiffent point la* terre de Gama, *ni celle de Jefo que d'ailleurs il repréfente
lui-même dans fes Cartes.*

20.

Au refte, je ne puis
lui cacher encore qu'à
la premiere infpection
de fa *Carte de l'Empire
des Ruffes*, l'on trouve
des fautes très-confidé-
rables, & qu'ainfi il fe-
roit néceffaire qu'il en fît
une revifion générale.
Que diroit-on fi un Géo-
graphe Ruffien, faifant
une Carte de France,
mettoit Dijon en Cham-
pagne, & donnoit à la

Eft de cette même ifle de
Nadezda. M. Buache
n'auroit jamais fait cette

20.

*Les Gouvernemens de
Ruffie font indiqués dans
l'Atlas Ruffien par ces
mots* Gubernii, Guber-
niia, *& les pays par
celui de* Viezd. *Selon ces
dénominations, l'on voit
que* Nizne-Nowogorod
*n'eft qu'un pays & non
un Gouvernement. La
fituation de fa ville ca-
pitale eft fi voifine des
limites du Gouverne-
ment de* Moscou, *que*

(20)

Bourgogne le nom de Maconnois ? La comparaison eſt exacte ; car il en eſt ainſi du Gouvernement de Nizne-Nowogorod doṅ la Capitale ne doit poinṫ être dans le Gouvernement de Moſcou, & ce qu'on appelle *Alatyrskoi* (il falloit mettre *Alatyrskoi Viezd*, en François le pays d'Alatyr) ne fait que partie du Gouvernement en queſtion. l'on pourroit croire qu'elle y eſt compriſe ; mais il eſt aiſé de prendre garde aux points de diviſion dans ma Carte, de même que dans l'original : ſi donc il y a erreur, ce n'eſt qu'en ce que *Alatyrskoi* eſt écrit en lettres capitales.

Cette réponſe eſt le dernier écrit que l'on verra de moi au ſujet de ces prétendües Découvertes Eſpagnoles.

Ce 22. Décembre 1753.

ROBERT DE VAUGONDY.

Replique de M. Buache.

Ce 29 Décembre 1753.

AYant appris que l'on devoit mettre une Réponſe à la ſuite de ma Lettre, j'en ai demandé communication. Ma Replique ne ſera pas longue comme on l'appréhendoit. Les chiffres que l'on a ajoûté pour faire mieux remarquer chaque réponſe de M. de Vaugondy (mais qui doivent être en marge de ma Lettre & entre deux crochets comme une addition de l'Editeur) mettent fort bien le Public en état de faire la comparaiſon, & de juger de la ſolidité des objections ou de celle des réponſes. J'ai dit d'avance dans ma Lettre tout ce que je pourrois dire maintenant ſur les articles de M. de Vaugondy. Il n'y auroit que ce qu'il cite de M. Green, qui pourroit m'engager à faire quelques obſervations ; mais comme cela attireroit une diſcuſſion, elle ſera mieux placée ailleurs : Et j'en ſerai ſans doute diſpenſé par ce ſçavant Anglois, qui paroît n'avoir eu aucune connoiſſance de ce qui a été préſenté à l'Académie dès le 9 Août 1752, c'eſt-à-dire de mes *Conſidérations*, &c. Il ne peut manquer de faire attention à ce que j'y ai dit ſur la poſition de l'embouchure de *Rio-los-Reyes*, &c. dont M. de Vaugondy parle encore comme s'il n'eût pas lû mon ouvrage.

Ma Replique avoit rapport à une première réponſe de M. de Vaugondy, que l'on a ſupprimée pour y ſubſtituer celle que l'on vient de voir, & dont je n'ai point eu connoiſſance. Je n'aurois pas ſurtout laiſſer paſſer ſans rien dire, ſes Obſerva- des pag. 8. 9. 15. 16. 17. 18.